Diabetes

Samaneh Pishdad

Samaneh Pishdad

Diabetes

T1DM, T2DM, Diabetes Mellitus Gestacional (GDM), A1C Hb, Nutrición en los diabéticos

Editorial Académica Española

Imprint

Any brand names and product names mentioned in this book are subject to trademark, brand or patent protection and are trademarks or registered trademarks of their respective holders. The use of brand names, product names, common names, trade names, product descriptions etc. even without a particular marking in this work is in no way to be construed to mean that such names may be regarded as unrestricted in respect of trademark and brand protection legislation and could thus be used by anyone.

Cover image: www.ingimage.com

This book is a translation from the original published under ISBN 978-620-0-21319-8.

Publisher:
Editorial Académica Española
is a trademark of
Dodo Books Indian Ocean Ltd., member of the OmniScriptum S.R.L Publishing group
str. A.Russo 15, of. 61, Chisinau-2068, Republic of Moldova Europe
Printed at: see last page
ISBN: 978-620-0-37842-2

Diabetes

Samaneh Pishdad

Profesor de Ciencias de la Nutrición en la Universidad

2019

Prefacio del escritor:

De acuerdo con la importancia de las enfermedades crónicas, como la diabetes, decidí escribir un libro sobre este tema, espero que este libro sea utilizado por ustedes queridos. Si tienes alguna sugerencia, puedes enviarme un correo electrónico a la dirección que aparece a continuación o inscribirte en mi página de Instagram.

Email : Samanehpishdad@yahoo.com

Instagram : @drpishdad_diet o @S.nutricionista

La diabetes es un término que se utiliza para describir un conjunto de afecciones en las que el cuerpo es incapaz de producir una cantidad suficiente de insulina eficaz. Esta es una hormona necesaria para que la glucosa entre en las células y se convierta en energía. La glucosa es el combustible que su cuerpo necesita. En su dieta, esto proviene de alimentos como fruta, leche, algunas verduras, alimentos con almidón y azúcar. Para ayudar a controlar la glucosa en la sangre, deberá comer alimentos saludables y estar activo. También puede necesitar tomar pastillas y/o insulina.

Existen dos tipos principales de diabetes Tipo 1: se diagnostica comúnmente en niños y adolescentes, y se produce cuando el páncreas no es capaz de producir insulina. Tipo 2: se desarrolla generalmente en la edad adulta, y se produce cuando el páncreas no produce suficiente insulina y cuando el cuerpo no utiliza eficazmente la insulina que se produce.

La nutrición y la actividad física son partes importantes de un estilo de vida saludable cuando se tiene diabetes. Junto con otros beneficios, seguir un plan de alimentación saludable y mantenerse activo puede ayudarle a mantener su nivel de glucosa en la sangre, también llamado azúcar en la sangre, en su rango objetivo. Para controlar la glucosa en la sangre, debe equilibrar lo que come y bebe con la actividad física y los medicamentos para la diabetes, si los toma. Lo que elija para comer, cuánto coma y cuándo coma es importante para mantener su nivel de glucosa en la sangre en el rango que su equipo de atención médica recomienda.

Volverse más activo y hacer cambios en lo que se come y bebe puede parecer un desafío al principio. Es posible que le resulte más fácil comenzar con pequeños cambios y obtener ayuda de su familia, amigos y equipo de atención médica.

Comer bien y estar físicamente activo la mayoría de los días de la semana puede ayudarte

- mantener el nivel de glucosa en la sangre, la presión arterial y el colesterol en sus rangos objetivo
- perder peso o mantenerse en un peso saludable[1]
- prevenir o retrasar los problemas de la diabetes

---

1. Un estado de peso, a menudo basado en tener un índice de masa corporal (IMC) que cae en el rango normal, o saludable. Un peso corporal saludable puede reducir las posibilidades de desarrollar problemas de salud como la diabetes de tipo 2 y las enfermedades cardíacas.

Problemas de diabetes:

✓ Enfermedades cardíacas y accidentes cerebrovasculares
La diabetes puede dañar los vasos sanguíneos y provocar enfermedades cardíacas y derrames cerebrales. Puede hacer mucho para prevenir las enfermedades cardíacas y los derrames cerebrales si controla sus niveles de glucosa en la sangre, presión arterial y colesterol, y si no fuma.

✓ Glucosa baja en la sangre (Hipoglucemia)
 La hipoglucemia se produce cuando la glucosa en la sangre baja demasiado. Ciertos medicamentos para la diabetes aumentan las probabilidades de que la glucosa en la sangre sea baja. Puede prevenir la hipoglucemia siguiendo su plan de comidas y equilibrando su actividad física, alimentos y medicamentos. Analizar la glucosa en sangre con regularidad también puede ayudar a prevenir la hipoglucemia.

✓ Daños en los nervios (Neuropatía diabética)

La neuropatía diabética es el daño nervioso que puede resultar de la diabetes. Los diferentes tipos de daños nerviosos afectan a diferentes partes del cuerpo. El control de la diabetes puede ayudar a prevenir los daños nerviosos que afectan a los pies y las extremidades, y a órganos como el corazón.

✓ Enfermedad de los riñones

La enfermedad renal diabética, también llamada nefropatía diabética, es una enfermedad renal causada por la diabetes. Usted puede ayudar a proteger sus riñones controlando su diabetes y cumpliendo sus metas de presión arterial.

✓ Problemas de los pies

La diabetes puede causar daños en los nervios y un flujo sanguíneo deficiente, lo que puede provocar graves problemas en los pies. Los problemas comunes de los pies, como una cala, pueden provocar dolor o una infección que dificulte la marcha. Hágase un chequeo de pies en cada visita con su equipo de atención médica.

✓ Enfermedad de los ojos

La diabetes puede dañar los ojos y llevar a la baja visión y a la ceguera. La mejor manera de prevenir las enfermedades oculares es controlar la glucosa en la sangre, la presión arterial y el colesterol, y no fumar. Además, hágase un examen de los ojos con dilatación de las pupilas al menos una vez al año.

✓ Enfermedades de las encías y otros problemas dentales

La diabetes puede provocar problemas en la boca, como infecciones, enfermedad de las encías o sequedad de la boca. Para ayudar a mantener la boca sana, controle su glucosa en sangre, cepíllese los dientes dos veces al día, visite a su dentista al menos una vez al año y no fume.

✓ Problemas sexuales y de vejiga

Los problemas sexuales y de vejiga son más comunes en las personas con diabetes. Problemas como la disfunción eréctil, la pérdida de interés en el sexo, las fugas de la vejiga y la retención de orina pueden ocurrir si la diabetes daña los vasos sanguíneos y los nervios. Hay tratamientos disponibles para ayudar a controlar los síntomas y restaurar la intimidad.

- se sienten bien y tienen más energía

¿Qué alimentos puedo comer si tengo diabetes?

Le puede preocupar que tener diabetes signifique estar sin los alimentos que disfruta. La buena noticia es que todavía puedes comer tus alimentos favoritos, pero puede que tengas que comer porciones más pequeñas o disfrutarlas con menos frecuencia. Su equipo de atención médica le ayudará a crear un plan de comidas para la diabetes que satisfaga sus necesidades y gustos.

La clave para comer con diabetes es consumir una variedad de alimentos saludables de todos los grupos de alimentos, en las cantidades que su plan de alimentación indica.

Los grupos de alimentos son

- vegetales
    - sin almidón: incluye brócoli, zanahorias, verduras, pimientos y tomates
    - almidonado: incluye patatas, maíz y guisantes verdes
- frutas, incluyendo naranjas, melones, bayas, manzanas, plátanos y uvas.
- granos, al menos la mitad de los granos del día deben ser granos enteros.[2]
    - incluye trigo, arroz, avena, harina de maíz, cebada y quinoa
    - ejemplos: pan, pasta, cereales y tortillas
- proteína
    - carne magra
    - pollo o pavo sin la piel
    - peces
    - huevos
    - nueces y cacahuetes
    - frijoles secos y ciertos guisantes, como los garbanzos y los guisantes partidos
    - sustitutos de la carne, como el tofu
- lácteos sin grasa o bajos en grasa
    - o leche sin lactosa si tienes intolerancia a la lactosa.
    - yogur
    - queso

Aprenda más sobre los grupos de alimentos en el sitio web ChooseMyPlate.gov del Departamento de Agricultura de los Estados Unidos[3] (USDA).

Coma alimentos con grasas saludables para el corazón, que provienen principalmente de estos alimentos:

- aceites que son líquidos a temperatura ambiente, como el aceite de canola y el aceite de oliva
- nueces y semillas
- peces saludables para el corazón como el salmón, el atún y la caballa
- aguacate

Use aceites al cocinar la comida en lugar de mantequilla, crema, manteca, manteca de cerdo o margarina en barra.

---

2. Grano y productos de grano hechos de la semilla de grano entero, usualmente llamado el grano. Los granos enteros consisten en el salvado, el endospermo y/o el germen. Si el grano ha sido agrietado, aplastado o desmenuzado, debe mantener la misma proporción de salvado, endospermo y gérmenes que el grano original para poder ser llamado grano entero. La mayoría de los granos enteros son una fuente de fibra dietética.
3. https://www.choosemyplate.gov/

Elija grasas saludables, como las de las nueces, las semillas y el aceite de oliva.

¿Qué alimentos y bebidas debo limitar si tengo diabetes?

Los alimentos y bebidas que se deben limitar incluyen

- alimentos fritos y otros alimentos ricos en grasas saturadas[4] y grasas trans[5]
- alimentos con alto contenido de sal, también llamados de sodio
- dulces, como productos horneados, caramelos y helados
- bebidas con azúcares [6]añadidos, como zumo, refrescos normales y bebidas energéticas o deportivas normales.

Bebe agua en lugar de bebidas azucaradas. Considere la posibilidad de utilizar un sustituto del azúcar en su café o té.

Si bebe alcohol, hágalo con moderación, no más de un trago al día si es mujer o dos tragos al día si es hombre. Si utiliza insulina o medicamentos para la diabetes que aumentan la cantidad de insulina que su cuerpo produce, el alcohol puede hacer que su nivel de glucosa en la sangre baje demasiado. Esto es especialmente cierto si no has comido en un tiempo. Es mejor comer algo de comida cuando se bebe alcohol.

¿Cuándo debo comer si tengo diabetes?

Algunas personas con diabetes necesitan comer más o menos a la misma hora cada día. Otros pueden ser más flexibles con el horario de sus comidas. Según los medicamentos para la diabetes o el tipo de insulina, es posible que necesite comer la misma cantidad de carbohidratos a la misma hora todos los días. Si toma la insulina "a la hora de la comida", su horario de comidas puede ser más flexible.

---

[4] Un tipo de grasa que se encuentra en alimentos como la carne, la piel de ave, la mantequilla y algunos productos lácteos. Comer demasiadas grasas saturadas puede aumentar la posibilidad de desarrollar enfermedades cardíacas.

[5] Un tipo de grasa dietética que aumenta la posibilidad de enfermedades cardíacas. La grasa trans se produce cuando los aceites líquidos se convierten en sólidos a través de un proceso llamado hidrogenación. Entre los alimentos con grasas trans se incluyen los que incluyen en la etiqueta grasas hidrogenadas o parcialmente hidrogenadas, como las galletas, los aperitivos, los productos de panadería comercial y algunas margarinas en barra.

[6] Azúcares, jarabes y otros edulcorantes calóricos que se añaden a los alimentos procesados o preparados. Los azúcares añadidos no incluyen los azúcares que se producen de forma natural, por ejemplo la fructosa en la fruta o la lactosa en la leche. Los nombres de los azúcares añadidos incluyen azúcar moreno, azúcar de caña, azúcar de maíz, edulcorante de maíz, jarabe de maíz, dextrosa, fructosa (cuando no se produce de forma natural), concentrados de jugo de frutas, glucosa, jarabe de maíz con alto contenido de fructosa, miel, azúcar invertido, lactosa (cuando no se encuentra en la leche o los productos lácteos), maltosa, jarabe de malta, melaza, azúcar crudo, sacarosa y azúcar turbinado.

Si utiliza ciertos medicamentos para la diabetes o insulina y se salta o retrasa una comida, su nivel de glucosa en la sangre puede bajar demasiado. Pregunte a su equipo de atención médica cuándo debe comer y si debe comer antes y después de la actividad física.

¿Cuánto puedo comer si tengo diabetes?

Comer la cantidad adecuada de alimentos también le ayudará a controlar su nivel de glucosa en la sangre y su peso. Su equipo de atención médica puede ayudarle a calcular la cantidad de comida y las calorías que debe consumir cada día.

Planificación de la pérdida de peso

Si tiene sobrepeso[7] o [8]es obeso, trabaje con su equipo de atención médica para crear un plan de pérdida de peso.

El Planificador de Peso Corporal puede ayudarle a adaptar sus planes de calorías y actividad física para alcanzar y mantener su peso objetivo.

Para perder peso, es necesario comer menos calorías y sustituir los alimentos menos saludables por otros más bajos en calorías, grasa y azúcar.

Si tiene diabetes, sobrepeso u obesidad y está planeando tener un bebé, debe intentar perder el exceso de peso antes de quedar embarazada. Obtenga más información sobre cómo planificar el embarazo si tiene diabetes.

Métodos de plan de comidas

Dos formas comunes de ayudarle a planificar cuánto comer si tiene diabetes son el método del plato y el conteo de carbohidratos, también llamado conteo de carbohidratos. Consulte con su equipo de atención médica sobre el método más adecuado para usted.

El método de la placa

El método de la placa le ayuda a controlar el tamaño de las porciones. No necesitas contar las calorías. El método del plato muestra la cantidad de cada

---

[7] Exceso de peso corporal. Se considera que un adulto con un índice de masa corporal (IMC) de 25 a 29,9 tiene sobrepeso. El IMC es una relación entre el peso corporal y la altura.

[8] Exceso de grasa corporal. Un adulto que tiene un índice de masa corporal (IMC) de 30 o más se considera obeso. El IMC es una relación entre el peso corporal y la altura.

grupo de alimentos que debes comer. Este método funciona mejor para el almuerzo y la cena.

Usa una placa de 9 pulgadas. Ponga verduras sin almidón en la mitad del plato; una carne u otra proteína en un cuarto del plato; y un grano u otro almidón en el último cuarto. Los almidones incluyen verduras con almidón como el maíz y los guisantes. También puede comer un pequeño tazón de fruta o un trozo de fruta, y beber un pequeño vaso de leche como se incluye en su plan de alimentación.

Puede encontrar muchas combinaciones diferentes de alimentos y más detalles sobre el uso del método del plato en el sitio web de la Asociación Americana de Diabetes, Create Your Plate[9].

Su plan de alimentación diaria también puede incluir pequeños bocadillos entre las comidas.

Tamaño de las porciones

- Puedes usar objetos cotidianos o tu mano para juzgar el tamaño de una porción.
- Una porción de carne o aves es la palma de tu mano o una baraja de cartas.
- Una porción de 3 onzas de pescado es una chequera
- Una porción de queso son seis dados
- 1/2 taza de arroz o pasta cocida es un puñado redondeado o una pelota de tenis
- Una porción de un panqueque o un gofre es un DVD
- 2 cucharadas de mantequilla de maní es una pelota de ping-pong

Recuento de carbohidratos

---

[9] http://www.diabetes.org/food-and-fitness/food/planning-meals/create-your-plate/

El recuento de carbohidratos implica llevar un registro de la cantidad de carbohidratos que comes y bebes cada día. Debido a que los carbohidratos se convierten en glucosa en su cuerpo, afectan a su nivel de glucosa en la sangre más que otros alimentos. El recuento de carbohidratos puede ayudarle a controlar su nivel de glucosa en la sangre. Si toma insulina, contar los carbohidratos puede ayudarle a saber cuánta insulina debe tomar.

La cantidad adecuada de carbohidratos varía según la forma en que usted controle su diabetes, incluyendo la actividad física que realice y los medicamentos que tome, si es que los toma. Su equipo de atención médica puede ayudarle a crear un plan de alimentación personal basado en el recuento de carbohidratos.

La cantidad de carbohidratos en los alimentos se mide en gramos. Para contar los gramos de carbohidratos en lo que comes, necesitarás

- aprender qué alimentos tienen carbohidratos
- lea la etiqueta de los alimentos con la información nutricional, o aprenda a estimar el número de gramos de carbohidratos en los alimentos que come
- añade los gramos de carbohidratos de cada alimento que comes para obtener el total de cada comida y del día

La mayoría de los carbohidratos provienen de almidones, frutas, leche y dulces. Intenta limitar los carbohidratos con azúcares añadidos o aquellos con granos refinados, como el pan blanco y el arroz blanco. En su lugar, coma carbohidratos de frutas, verduras, granos enteros, frijoles y leche baja en grasa o descremada.

Además de usar el método de la placa y el recuento de carbohidratos, puede que desee visitar a un dietista registrado (RD) para la terapia de nutrición médica.

Recuento de carbohidratos y diabetes

¿Qué es el recuento de carbohidratos?

El recuento de carbohidratos, también llamado recuento de carbohidratos, es una herramienta de planificación de comidas para personas con diabetes tipo 1 o tipo 2. El recuento de carbohidratos implica llevar un registro de la cantidad de carbohidratos en los alimentos que se consumen cada día.

Los carbohidratos son uno de los principales nutrientes que se encuentran en los alimentos y bebidas. La proteína y la grasa son los otros nutrientes principales. Los carbohidratos incluyen azúcares, almidones y fibra. El recuento de carbohidratos puede ayudarle a controlar sus niveles de glucosa en la sangre, también llamada azúcar en la sangre, porque los carbohidratos afectan a su glucosa en la sangre más que otros nutrientes.

Los carbohidratos saludables, como los granos enteros, las frutas y las verduras, son una parte importante de un plan de alimentación saludable porque pueden proporcionar tanto energía como nutrientes, como vitaminas y minerales, y fibra. La fibra puede ayudar a prevenir el estreñimiento, reducir los niveles de colesterol y controlar el peso.

Los carbohidratos no saludables suelen ser alimentos y bebidas con azúcares añadidos. Aunque los carbohidratos no saludables también pueden proporcionar energía, tienen pocos o ningún nutriente. Más información sobre qué carbohidratos proporcionan nutrientes para una buena salud y qué carbohidratos no se proporciona en el tema de salud del NIDDK, Dieta para la diabetes, alimentación y actividad física.

La cantidad de carbohidratos en los alimentos se mide en gramos. Para contar los gramos de carbohidratos en los alimentos que comes, necesitarás

- saber qué alimentos contienen carbohidratos
- aprender a estimar el número de gramos de carbohidratos en los alimentos que comes
- suma el número de gramos de carbohidratos de cada alimento que comes para obtener el total del día

Su médico puede remitirle a un dietista o educador en diabetes que puede ayudarle a desarrollar un plan de alimentación saludable basado en el recuento de carbohidratos.

¿Qué alimentos contienen carbohidratos?

Los alimentos que contienen carbohidratos incluyen

- granos, como pan, fideos, pasta, galletas, cereales y arroz.
- frutas, como manzanas, plátanos, bayas, mangos, melones y naranjas
- productos lácteos, como la leche y el yogur
- legumbres, incluyendo frijoles secos, lentejas y guisantes
- alimentos y dulces, como pasteles, galletas, caramelos y otros postres
- zumos, refrescos, bebidas de fruta, bebidas deportivas y bebidas energéticas que contienen azúcares
- verduras, especialmente verduras "con almidón" como las patatas, el maíz y los guisantes

Las patatas, los guisantes y el maíz se llaman verduras con almidón porque tienen un alto contenido de almidón. Estas verduras tienen más carbohidratos por porción que las verduras sin almidón.

Ejemplos de verduras sin almidón son los espárragos, el brócoli, las zanahorias, el apio, las judías verdes, la lechuga y otras verduras de ensalada, los pimientos, las espinacas, los tomates y el calabacín.

Entre los alimentos que no contienen carbohidratos se encuentran la carne, el pescado y las aves de corral; la mayoría de los tipos de queso; las nueces; y los aceites y otras grasas.

Los alimentos que contienen carbohidratos incluyen granos, frutas, productos lácteos, vegetales y legumbres.

¿Qué sucede cuando tomo alimentos que contienen carbohidratos?

Cuando comes alimentos que contienen carbohidratos, tu sistema digestivo descompone los azúcares y almidones en glucosa. La glucosa es una de las formas más simples de azúcar. La glucosa entra en el torrente sanguíneo desde el tracto digestivo y aumenta los niveles de glucosa en la sangre. La hormona insulina, que proviene del páncreas o de las inyecciones de insulina, ayuda a las células de todo el cuerpo a absorber la glucosa y a utilizarla como energía. Una vez que la glucosa sale de la sangre hacia las células, los niveles de glucosa en la sangre vuelven a bajar.

¿Cómo puede ayudarme el conteo de carbohidratos?

El recuento de carbohidratos puede ayudar a mantener los niveles de glucosa en la sangre cerca de lo normal. Mantener los niveles de glucosa en sangre lo más cerca posible de lo normal puede ayudarle a

- ...permanecer saludable por más tiempo...
- prevenir o retrasar los problemas de la diabetes como la enfermedad renal, la ceguera, el daño nervioso y la enfermedad de los vasos sanguíneos que pueden provocar ataques cardíacos, accidentes cerebrovasculares y amputaciones: cirugía para extirpar una parte del cuerpo
- se sienten mejor y con más energía

Es posible que también necesite tomar medicamentos para la diabetes o inyecciones de insulina para controlar sus niveles de glucosa en la sangre. Hable con su médico sobre sus objetivos de glucosa en sangre. Los objetivos son los números a los que aspiras. Para alcanzar sus objetivos, deberá equilibrar su ingesta de carbohidratos con la actividad física y los medicamentos para la diabetes o las inyecciones de insulina.

¿Cuántos carbohidratos necesito cada día?

La cantidad diaria de carbohidratos, proteínas y grasas para las personas con diabetes no ha sido definida - lo que es mejor para una persona puede no ser mejor para otra. Todo el mundo necesita consumir suficientes carbohidratos para satisfacer las necesidades de energía del cuerpo, vitaminas y minerales, y fibra.

Los expertos sugieren que el consumo de carbohidratos para la mayoría de las personas debe ser entre el 45 y el 65 por ciento de las calorías totales. Las personas con dietas bajas en calorías y las personas físicamente inactivas pueden aspirar al extremo inferior de ese rango.

Un gramo de carbohidrato proporciona unas 4 calorías, así que tendrás que dividir el número de calorías que quieres obtener de los carbohidratos por 4 para obtener el número de gramos. Por ejemplo, si quieres comer 1.800 calorías totales por día y obtener el 45 por ciento de tus calorías de los carbohidratos, tu objetivo sería unos 200 gramos de carbohidratos diarios. Usted calcularía esa cantidad de la siguiente manera:

- .45 x 1.800 calorías = 810 calorías
- 810 ÷ 4 = 202.5 gramos de carbohidratos

Necesitarás repartir tu ingesta de carbohidratos a lo largo del día. Un dietista o educador en diabetes puede ayudarle a aprender qué alimentos debe comer, cuánto debe comer y cuándo debe comer en función de su peso, nivel de actividad, medicamentos y objetivos de glucosa en sangre.

¿Cómo puedo saber cuántos carbohidratos hay en los alimentos que consumo?

Tendrá que aprender a estimar la cantidad de carbohidratos en los alimentos que suele comer. Por ejemplo, las siguientes cantidades de alimentos ricos en carbohidratos contienen cada una unos 15 gramos de carbohidratos:

- una rebanada de pan
- una tortilla de 6 pulgadas
- 1/3 taza de pasta
- 1/3 taza de arroz
- 1/2 taza de fruta enlatada o fresca o jugo de fruta o una pequeña pieza de fruta fresca, como una manzana o naranja pequeña
- 1/2 taza de frijoles pintos
- 1/2 taza de vegetales con almidón como puré de papas, maíz cocido, arvejas o habas.
- 3/4 de taza de cereal seco o 1/2 taza de cereal cocido
- 1 cucharada de gelatina

Algunos alimentos son tan bajos en carbohidratos que tal vez no tenga que contarlos a menos que coma grandes cantidades. Por ejemplo, la mayoría de las verduras sin almidón son bajas en carbohidratos. Una porción de media taza de vegetales cocidos sin almidón o una taza de vegetales crudos tiene sólo unos 5 gramos de carbohidratos.

A medida que se familiarice con los alimentos que contienen carbohidratos y cuántos gramos de carbohidratos hay en los alimentos que consume, el recuento de los carbohidratos será más fácil.

Etiquetas de nutrición

Puede averiguar cuántos gramos de carbohidratos hay en los alimentos que consume consultando las etiquetas nutricionales de los paquetes de alimentos. A continuación se presenta un ejemplo de una etiqueta de nutrición:

Las etiquetas nutricionales indican el total de gramos de carbohidratos por porción, junto con otra información nutricional.

Las etiquetas de nutrición te dicen

- el tamaño de la porción de la comida... como una rebanada o media taza
- los gramos totales de carbohidratos por porción
- otra información nutricional, incluyendo las calorías y la cantidad de proteínas y grasas por porción

Si se tienen dos porciones en lugar de una, como una taza de frijoles pintos en lugar de media taza, se multiplica el número de gramos de carbohidratos en una porción, por ejemplo, 15 por dos para obtener el número total de gramos de carbohidratos-30.

15 x 2 = 30

Cocinar en casa

Para averiguar la cantidad de carbohidratos en los alimentos hechos en casa, necesitarás estimar y sumar los gramos de carbohidratos de los ingredientes. Puede utilizar libros o sitios web que enumeren el contenido típico de carbohidratos de los artículos caseros para estimar la cantidad de carbohidratos en una porción.

También puede pesar los alimentos con una balanza o medir las cantidades con tazas o cucharas medidoras para estimar la cantidad de carbohidratos. Por ejemplo, si una etiqueta nutricional muestra que 1 1/2 tazas de cereal contienen 45 gramos de carbohidratos, entonces 1/2 taza tendrá 15 gramos de carbohidratos y 1 taza tendrá 30 gramos de carbohidratos.

Comer fuera

Algunos restaurantes ofrecen información nutricional que enumera los gramos de carbohidratos. También puede utilizar las listas de alimentos para contar los carbohidratos para estimar la cantidad de carbohidratos en las comidas de los restaurantes.

¿Puedo comer dulces y otros alimentos y bebidas con azúcares añadidos?

Sí, puedes comer dulces y otros alimentos y bebidas con azúcares añadidos. Sin embargo, debe limitar la ingesta de estos alimentos y bebidas con alto contenido de carbohidratos porque a menudo son altos en calorías y bajos en vitaminas, minerales y fibra. Los granos enteros ricos en fibra, las frutas, las verduras y los frijoles son opciones más sabias.

En lugar de comer dulces todos los días, trate de comerlos en pequeñas cantidades de vez en cuando para no llenarse de alimentos que son bajos en nutrición. Pregúntele a su dietista o educador en diabetes sobre la inclusión de dulces en su plan de alimentación.

¿Qué son los azúcares añadidos?

Los azúcares añadidos son varias formas de azúcar que se añaden a los alimentos o bebidas durante el procesamiento o la preparación. Los azúcares naturales como los de la leche y las frutas no son azúcares añadidos sino carbohidratos. Las fuentes más comunes de azúcares añadidos para los americanos son

- refrescos azucarados, bebidas de frutas, bebidas deportivas y bebidas energéticas
- postres a base de cereales, como pasteles, galletas y donuts
- postres y productos a base de leche, como helado, yogurt endulzado, y leche endulzada
- caramelos

La lectura de la lista de ingredientes para alimentos y bebidas puede ayudar a encontrar azúcares añadidos, como

- azúcar, azúcar crudo, azúcar moreno y azúcar invertido, una mezcla de fructosa y glucosa.
- jarabe de maíz y jarabe de malta
- jarabe de maíz de alta fructosa, a menudo utilizado en refrescos y jugos
- miel, melaza y néctar de agave
- dextrosa, fructosa, glucosa, lactosa y sacarosa

Para un plan de alimentación más saludable, limita los alimentos y bebidas con azúcares añadidos.

¿Cómo puedo saber si el recuento de carbohidratos me está funcionando?

El control de los niveles de glucosa en la sangre puede ayudarle a saber si el recuento de carbohidratos le está funcionando. Puede controlar sus niveles de glucosa en la sangre con un medidor de glucosa.

También deberías hacerte un análisis de sangre A1C al menos dos veces al año. La prueba de A1C refleja la cantidad promedio de glucosa en su sangre durante los últimos 3 meses.

Si sus niveles de glucosa en la sangre son demasiado altos, es posible que tenga que hacer cambios en su plan de alimentación u otros cambios en su estilo de vida. Por ejemplo, es posible que tenga que elegir mejor los alimentos, ser más activo físicamente o hacer cambios en sus medicamentos para la diabetes. Hable con su médico sobre los cambios que debe hacer para controlar sus niveles de glucosa en la sangre.

Si utiliza una bomba de insulina o se inyecta más de una dosis diaria de insulina, pregunte a su médico cómo ajustar la insulina cuando coma algo que no esté en su plan de alimentación habitual.

¿Puedo utilizar el recuento de carbohidratos si estoy embarazada?

Puede utilizar el recuento de carbohidratos para ayudar a controlar sus niveles de glucosa en la sangre cuando esté embarazada. Cumplir los objetivos de glucosa en sangre durante el embarazo es importante para su salud y la de su bebé. La glucosa alta en la sangre durante el embarazo puede dañar al bebé y aumentar las posibilidades de que el bebé tenga diabetes de tipo 2 más adelante en la vida.

Las mujeres a las que se les ha diagnosticado diabetes gestacional -un tipo de diabetes que se desarrolla sólo durante el embarazo- también pueden utilizar el recuento de carbohidratos para ayudar a controlar sus niveles de glucosa en la sangre.

Hable con su médico sobre el uso del conteo de carbohidratos para ayudar a cumplir con sus objetivos de glucosa en la sangre durante su embarazo.

¿Qué es la terapia de nutrición médica?

La terapia de nutrición médica es un servicio que ofrece un RD[10] para crear planes de alimentación personales basados en sus necesidades y gustos. En el caso de las personas con diabetes, se ha demostrado que la terapia de nutrición médica mejora el control de la diabetes.[11] Medicare paga la terapia de nutrición médica

---

[10] Dietista Registrado

[11] La Parte B de Medicare (Seguro Médico) puede cubrir los servicios de terapia médica de nutrición (MNT) y ciertos servicios relacionados si tiene diabetes o enfermedad renal, o si ha recibido un transplante de riñón en los últimos 36 meses.

para las personas con diabetes. Si tiene un seguro que no sea Medicare, pregunte si cubre la terapia de nutrición médica para la diabetes.

¿Ayudarán los suplementos y las vitaminas a mi diabetes?

No existe una prueba clara de que tomar suplementos dietéticos como vitaminas, minerales, hierbas o especias pueda ayudar a controlar la diabetes. Es posible que necesite suplementos si no puede obtener suficientes vitaminas y minerales de los alimentos. Hable con su proveedor de atención médica antes de tomar cualquier suplemento dietético, ya que algunos pueden causar efectos secundarios o afectar el funcionamiento de sus medicamentos.

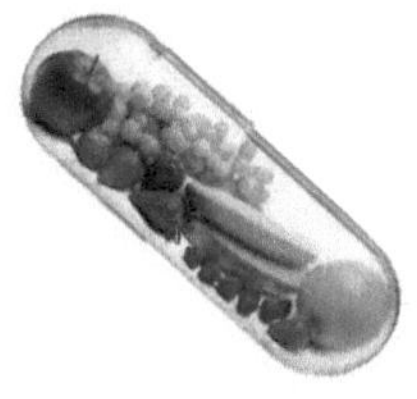
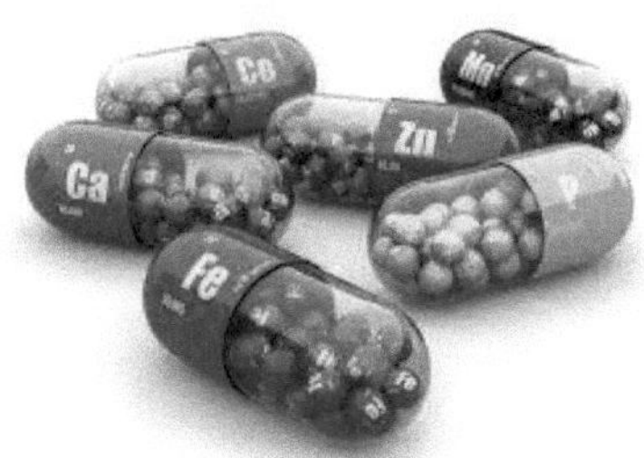

Suplemento dietético:

Ácido alfa-lipoico

- Se está estudiando el ácido alfa-lipoico por su efecto en las complicaciones de la diabetes, incluido el edema macular diabético (una afección ocular que puede causar pérdida de la visión) y la neuropatía diabética (daño nervioso causado por la diabetes).
  - En un estudio realizado en 2011 con 235 personas con diabetes de tipo 2, 2 años de suplementación con ácido alfa-lipoico no ayudaron a prevenir el edema macular.
  - Una evaluación de 2016 de los tratamientos para los síntomas de la neuropatía diabética que incluyó dos estudios de ácido alfa-lipoico oral, con un total de 205 participantes, indicó que el ácido alfa-lipoico puede ser útil.
- **Seguridad**
  - Las altas dosis de suplementos de ácido alfa-lipoico pueden causar problemas estomacales.

Cromo

- El cromo, que se encuentra en muchos alimentos, es un oligoelemento esencial. Si tienes muy poco cromo en tu dieta, tu cuerpo no puede usar la glucosa de manera eficiente.
    - El consumo de suplementos de cromo, junto con la atención convencional, mejoró ligeramente el control del azúcar en la sangre en las personas con diabetes (principalmente de tipo 2) que tenían un control deficiente del azúcar en la sangre, concluyó una revisión de 2014. La revisión incluyó 25 estudios con unos 1.600 participantes.
- **Seguridad**
    - Los suplementos de cromo pueden causar dolor de estómago y distensión abdominal, y ha habido algunos informes de daños renales, problemas musculares y reacciones cutáneas después de grandes dosis. Los efectos de tomar cromo a largo plazo no han sido bien investigados.

Suplementos herbales

- No tenemos pruebas fiables de que ningún suplemento herbal pueda ayudar a controlar la diabetes o sus complicaciones.
    - No hay beneficios claros de la canela para las personas con diabetes.
    - Otros suplementos herbales estudiados para la diabetes incluyen la melón amargo, varias hierbas medicinales chinas, la alholva, el ginseng, el cardo mariano y la batata. Los estudios no han demostrado que ninguno de ellos sea efectivo, y algunos pueden tener efectos secundarios.
- **Seguridad**
    - Tenemos poca información concluyente sobre la seguridad de los suplementos herbales para las personas con diabetes.

o La canela cassia, el tipo más común de canela que se vende en los Estados Unidos y el Canadá, contiene cantidades variables de una sustancia química llamada cumarina, que puede causar o empeorar enfermedades del hígado. En la mayoría de los casos, la canela cassia no tiene suficiente cumarina para enfermar. Sin embargo, para algunas personas, como las que padecen enfermedades hepáticas, tomar una gran cantidad de canela cassia puede empeorar su condición.
o El uso de hierbas como la Hierba de San Juan, el nopal, el aloe o el ginseng con medicamentos convencionales para la diabetes puede causar efectos secundarios no deseados.

Magnesio

- El magnesio, que se encuentra en muchos alimentos, incluso en grandes cantidades en el cereal de salvado, ciertas semillas y frutos secos y las espinacas, es esencial para la capacidad del cuerpo de procesar la glucosa.
  - o La deficiencia de magnesio puede aumentar el riesgo de desarrollar diabetes. Varios estudios han examinado si el consumo de suplementos de magnesio ayuda a las personas que padecen diabetes o que corren el riesgo de desarrollarla. Sin embargo, los estudios son generalmente pequeños y sus resultados no son concluyentes.
- **Seguridad**
  - o Grandes dosis de magnesio en los suplementos pueden causar diarrea y calambres abdominales. Dosis muy grandes, más de 5.000 mg por día, pueden ser mortales.
- Para obtener más información sobre el magnesio, consulte la Oficina de Suplementos Dietéticos (ODS) Magnesio: Hoja de datos para los consumidores.

Los Omega-3

- Se ha demostrado que tomar suplementos de ácidos grasos *omega-3*, como el aceite de pescado, no ayuda a las personas con diabetes a controlar sus niveles de azúcar en la sangre ni a reducir el riesgo de enfermedades cardíacas.
- El pescado y otros mariscos, especialmente los pescados grasos de agua fría como el salmón y el atún, contienen ácidos grasos omega-3. Los estudios sobre los efectos del consumo de pescado han tenido resultados contradictorios, según dos revisiones de investigación de 2012 con cientos de miles de participantes, y una revisión de 2017. En algunas investigaciones realizadas en los Estados Unidos y Europa se comprobó que las personas que comían más pescado tenían una mayor incidencia de diabetes. En investigaciones realizadas en Asia y Australia se comprobó que lo contrario, comer más pescado estaba asociado con un menor riesgo de diabetes. No hay pruebas sólidas que expliquen estas diferencias.

- **Seguridad**
  - Los suplementos de omega-3 no suelen tener efectos secundarios. Cuando se producen efectos secundarios, normalmente consisten en síntomas menores, como mal aliento, indigestión o diarrea.
  - Los suplementos de omega-3 pueden interactuar con los medicamentos que afectan a la coagulación de la sangre.
- Para obtener más información sobre los suplementos de omega-3, consulte la página web de ácidos grasos omega-3 del NCCIH.

Selenio

- Una evaluación de cuatro estudios en los que participaron más de 20.000 personas descubrió que la suplementación con selenio no reducía la probabilidad de que las personas desarrollaran diabetes de tipo 2.

- **Seguridad**
  - La ingesta prolongada de demasiado selenio puede tener efectos perjudiciales, como la pérdida de cabello y uñas, síntomas gastrointestinales y anomalías del sistema nervioso.
- Para más información sobre el selenio, vea la Hoja de datos sobre el selenio de la SAO para los consumidores.

Vitaminas

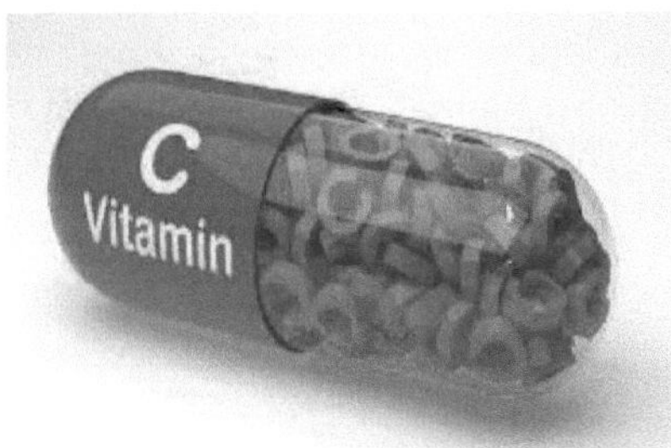

- En general, los estudios demuestran que tomar vitamina C no mejora el control del azúcar en la sangre ni otras condiciones en las personas con diabetes. Sin embargo, una revisión de investigación realizada en 2017 de 22 estudios con 937 participantes encontró pruebas poco convincentes de que la vitamina C ayudaba con el azúcar en la sangre en personas con diabetes tipo 2 cuando la tomaban durante más de 30 días.

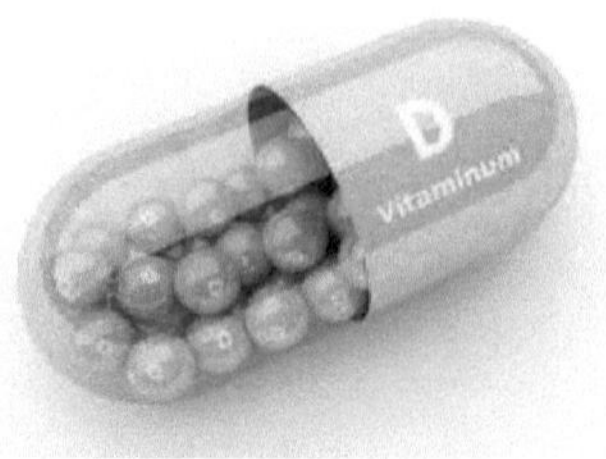

- El hecho de tener niveles bajos de vitamina D se asocia con un mayor riesgo de desarrollar un trastorno metabólico, como la diabetes de tipo 2, el síndrome metabólico o la resistencia a la insulina, según han demostrado estudios y revisiones de investigación de los últimos cinco años. Sin embargo, tomar vitamina D no parece ayudar a prevenir la diabetes o a mejorar los niveles de azúcar en la sangre en adultos con niveles normales, prediabetes o diabetes de tipo 2, según mostró una revisión de investigación realizada en 2014 de 35 estudios con 43.407 participantes.

- **Seguridad**
  - Tomar demasiada vitamina D puede causar náuseas, estreñimiento, debilidad, daños en los riñones, desorientación y problemas con el ritmo cardíaco. Es poco probable que obtengas demasiada vitamina D de la comida o del sol.
- Para más información sobre la vitamina D, vea Vitamina D de ODS: Hoja de datos para los consumidores.

Otros suplementos

- Las pruebas son todavía muy preliminares sobre cómo los suplementos o alimentos ricos en polifenoles -antioxidantes que se encuentran en el té, el café, el vino, las frutas, los granos y las verduras- pueden afectar a la diabetes.

¿Por qué debo hacer actividad física si tengo diabetes?

La actividad física es una parte importante del control del nivel de glucosa en la sangre y del mantenimiento de la salud. Estar activo tiene muchos beneficios para la salud.

La actividad física

- reduce los niveles de glucosa en la sangre
- disminuye la presión sanguínea[12]
- mejora el flujo sanguíneo
- quema calorías extra para que puedas mantener tu peso bajo si es necesario
- mejora tu estado de ánimo
- puede prevenir las caídas y mejorar la memoria en los adultos mayores
- puede ayudarte a dormir mejor

Si tiene sobrepeso, la combinación de actividad física con un plan de alimentación reducido en calorías puede dar lugar a aún más beneficios. En el estudio Look AHEAD: Action for Health in Diabetes, los adultos con sobrepeso y con diabetes tipo 2 que comían menos y se movían más tenían mayores beneficios de salud a largo plazo en comparación con los que no hacían estos cambios. Estos beneficios incluyen mejores niveles de colesterol, menos [13]apnea del sueño y la posibilidad de moverse más fácilmente.

Incluso pequeñas cantidades de actividad física pueden ayudar. Los expertos sugieren que se debe realizar al menos 30 minutos de actividad física moderada o vigorosa 5 días a la semana. La actividad moderada se siente algo dura, y la

---

[12] La fuerza del flujo sanguíneo dentro de los vasos sanguíneos. La presión sanguínea se escribe como dos números separados por una barra y se dice "120 sobre 80". El número superior es la presión sistólica, o la presión cuando el corazón late y empuja la sangre a las arterias. El número inferior es la presión diastólica, o la presión cuando el corazón se relaja entre los latidos.

[13] Es un trastorno común en el que no se respira con regularidad mientras se duerme. Puede salir del sueño profundo y entrar en un sueño ligero cuando su respiración se detiene o se vuelve superficial. Los problemas de sueño no tratados, especialmente la apnea del sueño, pueden aumentar las posibilidades de obesidad, resistencia a la insulina y diabetes de tipo 2.

actividad vigorosa es intensa y se siente dura. Si quiere perder peso o mantenerlo, puede que necesite hacer 60 minutos o más de actividad física 5 días a la semana.

Tengan paciencia. Pueden pasar algunas semanas de actividad física antes de que vea cambios en su salud.

¿Cómo puedo hacer actividad física con seguridad si tengo diabetes?

Asegúrese de beber agua antes, durante y después del ejercicio para mantenerse bien hidratado. A continuación se ofrecen otros consejos para realizar una actividad física segura cuando se tiene diabetes.

Diabetes tipo 2

La diabetes de tipo 2, el tipo más común de diabetes, es una enfermedad que se produce cuando la glucosa en la sangre, también llamada azúcar en la sangre, es demasiado alta. La glucosa en la sangre es su principal fuente de energía y proviene principalmente de los alimentos que usted come. La insulina, una hormona producida por el páncreas, ayuda a que la glucosa entre en las células para ser utilizada como energía. En la diabetes de tipo 2, tu cuerpo no produce suficiente insulina o no la usa bien. Entonces, demasiada glucosa permanece en la sangre y no llega suficiente a las células.

La buena noticia es que puede tomar medidas para prevenir o retrasar el desarrollo de la diabetes tipo 2.

¿Quién tiene más probabilidades de desarrollar diabetes tipo 2?

Puedes desarrollar diabetes tipo 2 a cualquier edad, incluso durante la infancia. Sin embargo, la diabetes de tipo 2 se presenta con mayor frecuencia en personas de mediana edad y mayores. Es más probable que desarrolle diabetes de tipo 2 si tiene 45 años o más, si tiene antecedentes familiares de diabetes o si tiene sobrepeso o es obeso. La diabetes es más común en las personas que son afroamericanas, hispanas/latinas, indígenas americanas, asiáticas americanas o de las islas del Pacífico.

La inactividad física y ciertos problemas de salud, como la presión arterial alta, afectan a las posibilidades de desarrollar diabetes de tipo 2. También es más probable que desarrolle diabetes de tipo 2 si tiene prediabetes o tuvo diabetes gestacional cuando estaba embarazada.

La diabetes de tipo 2 se presenta con mayor frecuencia en personas de mediana edad y mayores.

¿Cuáles son los síntomas de la diabetes?

Los síntomas de la diabetes incluyen

- aumento de la sed y la orina
- aumento del hambre
- sintiéndome cansado.
- visión borrosa
- entumecimiento u hormigueo en los pies o las manos
- las llagas que no se curan
- pérdida de peso inexplicable

Los síntomas de la diabetes de tipo 2 suelen desarrollarse lentamente, en el transcurso de varios años, y pueden ser tan leves que es posible que ni siquiera los note. Muchas personas no tienen síntomas. Algunas personas no se enteran de que tienen la enfermedad hasta que tienen problemas de salud relacionados con la diabetes, como visión borrosa o enfermedades cardíacas.

¿Qué causa la diabetes de tipo 2?

La diabetes de tipo 2 es causada por varios factores, entre ellos

- el sobrepeso y la obesidad
- no estar físicamente activo
- resistencia a la insulina
- genes

Obtenga más información sobre las causas de la diabetes tipo 2.

¿Cómo diagnostican los profesionales de la salud la diabetes tipo 2?

Su profesional de la salud puede diagnosticar la diabetes tipo 2 basándose en los análisis de sangre. Obtenga más información sobre los análisis de sangre para la diabetes y lo que significan los resultados.

¿Cómo puedo controlar mi diabetes de tipo 2?

Controlar la glucosa en la sangre, la presión sanguínea y el colesterol, y dejar de fumar si se fuma, son formas importantes de controlar la diabetes tipo 2. Los cambios en el estilo de vida que incluyen la planificación de comidas saludables, la limitación de calorías si tiene sobrepeso y la actividad física también forman parte del control de la diabetes. También lo es tomar cualquier medicamento prescrito. Trabaje con su equipo de atención médica para crear un plan de atención de la diabetes que funcione para usted.

Seguir su plan de comidas le ayuda a controlar su diabetes.

¿Qué medicamentos necesito para tratar mi diabetes tipo 2?

Además de seguir el plan de atención de la diabetes, es posible que necesite medicamentos para la diabetes, que pueden incluir píldoras o medicamentos que se inyectan bajo la piel, como la insulina. Con el tiempo, es posible que necesite más de un medicamento para la diabetes para controlar la glucosa en la sangre. Aunque no tome insulina, puede necesitarla en momentos especiales, como durante el embarazo o si está en el hospital. También puede necesitar medicamentos para la presión arterial alta, el colesterol alto u otras afecciones.

¿Qué problemas de salud pueden desarrollar las personas con diabetes?

Seguir un buen plan de atención de la diabetes puede ayudar a protegerse contra muchos problemas de salud relacionados con la diabetes. Sin embargo, si no se controla, la diabetes puede provocar problemas como

- enfermedades cardíacas y accidentes cerebrovasculares
- daño de los nervios
- enfermedad renal

- problemas de los pies
- enfermedad ocular
- enfermedad de las encías y otros problemas dentales
- problemas sexuales y de vejiga

Muchas personas con diabetes tipo 2 también tienen la enfermedad de hígado graso no alcohólica (NAFLD). Perder peso si se tiene sobrepeso o se es obeso puede mejorar la NAFLD. La diabetes también está relacionada con otros problemas de salud como la apnea del sueño, la depresión, algunos tipos de cáncer y la demencia .

Puede tomar medidas para reducir las posibilidades de desarrollar estos problemas de salud relacionados con la diabetes.

¿Cómo puedo reducir mis posibilidades de desarrollar la diabetes tipo 2?

Investigaciones como el Programa de Prevención de la Diabetes , patrocinado por los National Institutes of Health, han mostrado que usted puede tomar medidas para reducir sus probabilidades de desarrollar diabetes tipo 2 si tiene factores de riesgo para la enfermedad. Aquí hay algunas cosas que puede hacer para reducir el riesgo:

- **Baje de peso si tiene sobrepeso, y manténgalo.** Usted puede prevenir o retrasar la diabetes perdiendo entre el 5 y el 7 por ciento de su peso actual. Por ejemplo, si pesas 200 libras, tu objetivo sería perder entre 10 y 14 libras.
- **Muévete más.** Hacer al menos 30 minutos de actividad física, como caminar, al menos 5 días a la semana. Si no ha estado activo, hable con su profesional de la salud sobre qué actividades son las mejores. Empieza despacio y ve hacia tu meta.
- **Coma alimentos saludables.** Come porciones más pequeñas para reducir la cantidad de calorías que comes cada día y ayudarte a perder peso. Elegir alimentos con menos grasa es otra forma de reducir las calorías. Bebe agua en lugar de bebidas azucaradas.

Pregunte a su equipo de atención médica qué otros cambios puede hacer para prevenir o retrasar la diabetes tipo 2.

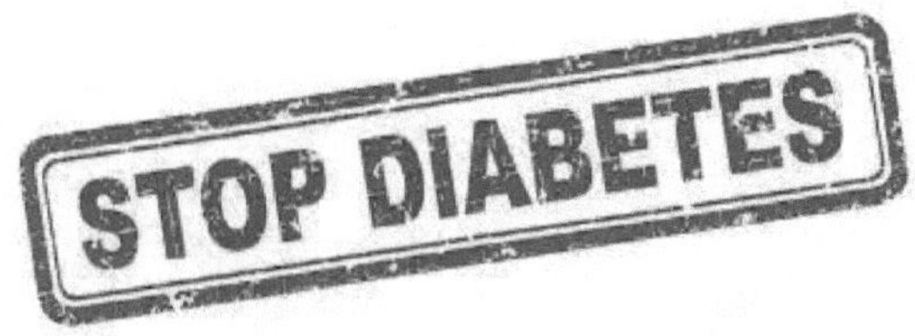

En la mayoría de los casos, su mejor oportunidad para prevenir la diabetes tipo 2 es hacer cambios en su estilo de vida que le sirvan a largo plazo. Empieza con tu plan de juego para prevenir la diabetes tipo 2.

Planea con anticipación

Hable con su equipo de atención médica antes de comenzar una nueva rutina de actividad física, especialmente si tiene otros problemas de salud. Su equipo de atención médica le indicará un rango objetivo para su nivel de glucosa en la sangre y le sugerirá cómo puede estar activo con seguridad.

Su equipo de atención médica también puede ayudarle a decidir la mejor hora del día para que haga actividad física basándose en su programa diario, plan de comidas y medicamentos para la diabetes. Si toma insulina, debe equilibrar la actividad que realiza con las dosis de insulina y las comidas para no tener un nivel bajo de glucosa en la sangre.

Prevenir la baja de la glucosa en la sangre

Debido a que la actividad física reduce la glucosa en la sangre, debe protegerse contra los niveles bajos de glucosa en la sangre, también llamados hipoglucemia. Es más probable que usted tenga hipoglucemia si toma insulina o ciertos otros medicamentos para la diabetes, como una sulfonilurea[14]. La hipoglucemia también puede ocurrir después de un largo e intenso entrenamiento o si se ha saltado una comida antes de estar activo. La hipoglucemia puede ocurrir durante o hasta 24 horas después de la actividad física.

Síntomas de la hipoglucemia
De leve a moderado   Severo

---

[14] Una clase de medicamentos orales para personas con diabetes de tipo 2 que reducen la glucosa en la sangre ayudando al páncreas a producir más insulina y ayudando al cuerpo a usar mejor la insulina que produce.

Síntomas de la hipoglucemia

- Tembloroso o nervioso
- Sudoroso
- Hambre
- Dolor de cabeza
- Visión borrosa
- Dormido o cansado
- Mareado o mareado
- Confundido o desorientado
- Pálido
- Descoordinada
- Irritable o nervioso
- Argumentativo o combativo
- Cambios de comportamiento o personalidad
- Problemas de concentración
- Débil
- Latidos cardíacos rápidos o irregulares
- Incapaz de comer o beber
- Ataques o convulsiones (movimientos espasmódicos)
- Inconsciencia

La planificación es la clave para prevenir la hipoglucemia. Por ejemplo, si toma insulina, su proveedor de atención médica podría sugerirle que tome menos insulina o que coma un pequeño refrigerio con carbohidratos antes, durante o después de la actividad física, especialmente la actividad intensa.

Es posible que tenga que comprobar su nivel de glucosa en la sangre antes, durante e inmediatamente después de realizar actividad física.

Manténgase a salvo cuando la glucosa en la sangre es alta

Si tiene diabetes de tipo 1, evite la actividad física vigorosa cuando tenga cetonas en la sangre o la orina. Las cetonas son sustancias químicas que su cuerpo puede producir cuando su nivel de glucosa en la sangre es demasiado alto, una condición llamada hiperglucemia, y su nivel de insulina es demasiado bajo. Si realiza actividad física cuando tiene cetonas en la sangre o la orina, su nivel de glucosa en la sangre puede subir aún más. Pregunte a su equipo de salud qué nivel de cetonas es peligroso para usted y cómo probarlas. Las cetonas son poco comunes en las personas con diabetes tipo 2.

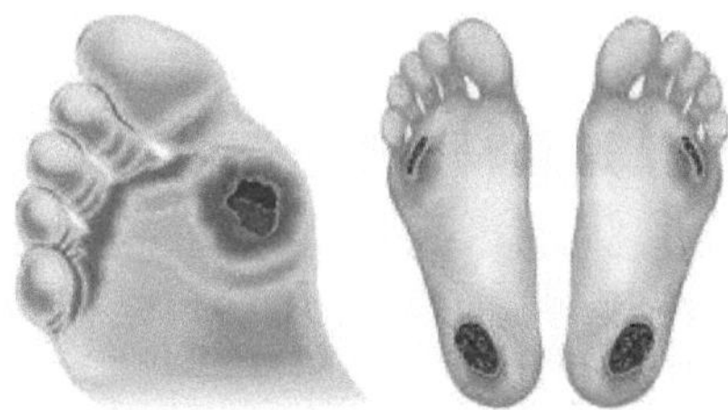

Cuida tus pies

Las personas con diabetes pueden tener problemas en los pies debido a la falta de flujo sanguíneo y a los daños nerviosos que pueden resultar de los altos niveles de glucosa en la sangre. Para ayudar a prevenir los problemas de los pies, debe usar zapatos cómodos y con soporte y cuidar sus pies antes, durante y después de la actividad física.

La diabetes y los problemas de los pies

Los problemas de los pies son comunes en las personas con diabetes. Puede tener miedo de perder un dedo del pie, un pie o una pierna a causa de la diabetes, o conocer a alguien que lo tenga, pero puede reducir las posibilidades de tener problemas de los pies relacionados con la diabetes cuidando sus pies todos los días. El control de los niveles de glucosa en la sangre, también llamado azúcar en la sangre, también puede ayudar a mantener los pies sanos.

¿Cómo puede afectar la diabetes a mis pies?

Con el tiempo, la diabetes puede causar daños en los nervios, también llamados neuropatía diabética, que pueden provocar hormigueo y dolor, y pueden hacer que se pierda la sensibilidad en los pies. Cuando se pierde la sensibilidad en los pies, es posible que no se sienta una piedra dentro del calcetín o una ampolla en el pie, lo que puede provocar cortes y llagas. Los cortes y las llagas pueden infectarse.

La diabetes también puede reducir la cantidad de flujo sanguíneo en los pies. El hecho de no tener suficiente sangre fluyendo hacia las piernas y los pies puede dificultar la curación de una llaga o una infección. A veces, una mala infección nunca se cura. La infección podría llevar a la gangrena.

La gangrena y las úlceras en los pies que no mejoran con el tratamiento pueden llevar a la amputación del dedo del pie, del pie o de una parte de la pierna. Un cirujano puede realizar una amputación para evitar que una infección grave se extienda al resto del cuerpo y para salvar su vida. El buen cuidado de los pies es muy importante para prevenir infecciones graves y gangrena.

Aunque es raro, el daño nervioso de la diabetes puede provocar cambios en la forma de los pies, como el pie de Charcot. El pie de Charcot puede empezar con enrojecimiento, calor e hinchazón. Más tarde, los huesos de los pies y los dedos de los pies pueden desplazarse o romperse, lo que puede hacer que los pies tengan una forma extraña, como un "fondo de roca".

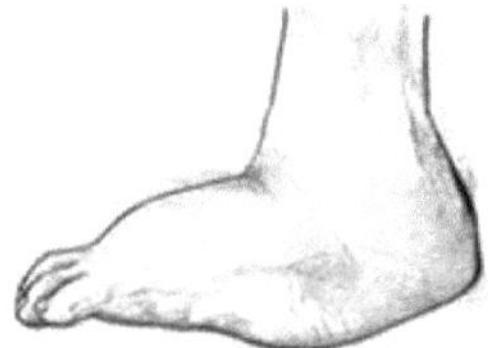

El pie de Charcot puede hacer que tus pies tengan una forma extraña, como un "fondo de roca".

¿Qué puedo hacer para mantener mis pies sanos?

Trabaje con su equipo de atención médica para hacer un plan de autocuidado de la diabetes, que es un plan de acción sobre cómo controlar la diabetes. Tu plan debe incluir el cuidado de los pies. Un médico de los pies, también llamado podólogo, y otros especialistas pueden formar parte de su equipo de atención médica.

Incluya estos pasos en su plan de cuidado de los pies:

Consejos para cuidar sus pies

- Revisa tus pies todos los días.
- Lávate los pies todos los días.
- Suaviza los callos y las callosidades suavemente.
- Córtese las uñas de los pies en forma recta.

- Lleva zapatos y calcetines en todo momento.
- Protege tus pies del calor y del frío.
- Mantén la sangre fluyendo hacia tus pies.

- Hágase un chequeo de pies en cada visita de atención médica.

Revisa tus pies todos los días

Puede que tenga problemas en los pies, pero no siente dolor en los mismos. Revisar sus pies cada día le ayudará a detectar problemas antes de que empeoren. Una buena manera de recordar es revisar tus pies cada noche cuando te quites los zapatos. También comprueba entre los dedos de los pies. Si tiene problemas para agacharse para ver sus pies, intente usar un espejo para verlos o pídale a otra persona que se los mire.

Busca problemas como

- cortes, llagas o manchas rojas
- ampollas hinchadas o llenas de líquido
- uñas encarnadas, en las que el borde de la uña crece dentro de la piel
- callos o callosidades, que son manchas de piel áspera causadas por demasiado frotamiento o presión en el mismo lugar
- verrugas plantares, que son crecimientos del color de la carne en la parte inferior de los pies
- pie de atleta
- puntos calientes

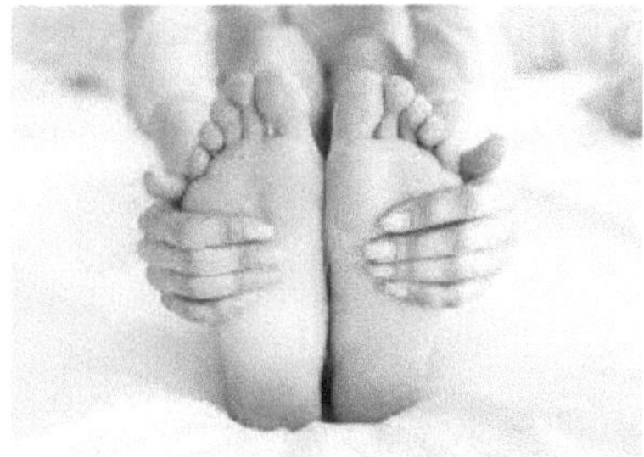

Si tiene ciertos problemas en los pies que hacen que sea más probable que desarrolle una llaga en el pie, su médico puede recomendarle que tome la temperatura de la piel de diferentes partes del pie. Un "punto caliente" puede ser el primer signo de que una ampolla o una úlcera está empezando.

Cubrir una ampolla, un corte o una llaga con un vendaje. Suavizar los callos y callosidades como se explica a continuación.

Lávate los pies todos los días

Lávate los pies con jabón en agua tibia, no caliente. Analice el agua para asegurarse de que no esté demasiado caliente. Puedes usar un termómetro (90° a 95° F es seguro) o tu codo para probar el calor del agua. No empapes tus pies porque tu piel se resecará demasiado.

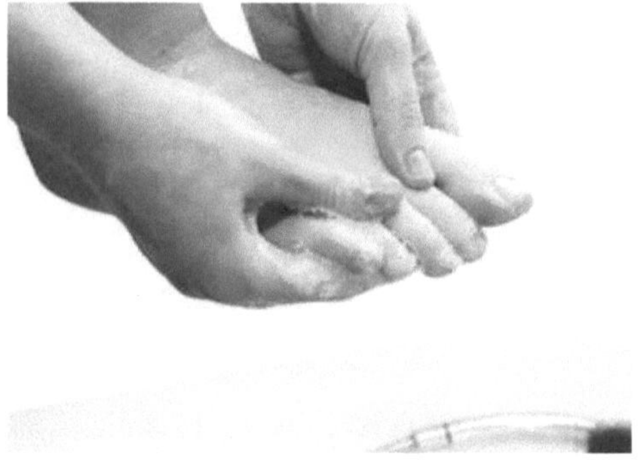

Después de lavar y secar los pies, pongan talco o maicena entre los dedos. La piel entre los dedos de los pies tiende a mantenerse húmeda. El polvo mantendrá la piel seca para ayudar a prevenir una infección.

Suaviza los callos y las callosidades suavemente

Parches gruesos de piel llamados callos o callosidades pueden crecer en los pies. Si tiene callos o callosidades, hable con su médico de los pies sobre la mejor manera de cuidar estos problemas de los pies. Si tienes daños en los nervios, estas manchas pueden convertirse en úlceras.

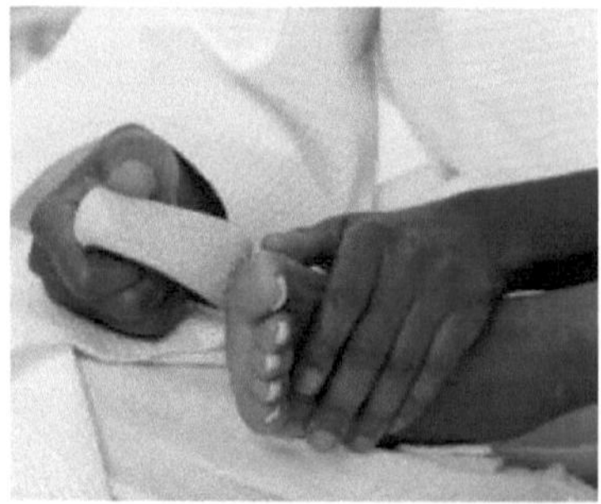

Si su médico se lo indica, utilice una piedra pómez para alisar los callos y callosidades después del baño o la ducha. La piedra pómez es un tipo de roca que se utiliza para alisar la piel. Frota suavemente, sólo en una dirección, para evitar rasgar la piel.

No lo hagas.

- cortar los callos y las callosidades
- usar tiritas de maíz, que son almohadillas medicinales
- usar maíz líquido y removedores de callo

Los productos para quitar el maíz que se venden sin receta pueden dañar la piel y causar una infección.

Para mantener la piel suave y lisa, frote una fina capa de loción, crema o vaselina en la parte superior e inferior de los pies. No te pongas loción o crema entre los dedos de los pies porque la humedad podría causar una infección.

Recorta las uñas de los pies en forma recta

Córtese las uñas de los pies, cuando sea necesario, después de lavar y secar los pies. Usando cortauñas, corta las uñas de los pies en forma recta. No te cortes las esquinas de la uña del pie. Alise suavemente cada uña con una lima de esmeril o una lima de uñas no afilada. Recortar de esta manera ayuda a evitar que se corte la piel y evita que las uñas crezcan dentro de la piel.

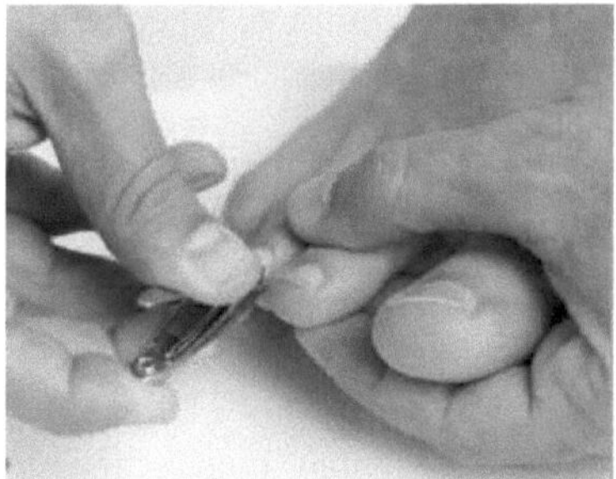

Haga que un médico de los pies le recorte las uñas de los pies si

- no puedes ver, sentir o alcanzar tus pies
- las uñas de los pies son gruesas o amarillas
- tus uñas se curvan y crecen dentro de la piel

Si quieres hacerte la pedicura en un salón, debes llevar tus propias herramientas de uñas para evitar contraer una infección. Puede preguntarle a su proveedor de atención médica qué otras medidas puede tomar en el salón para prevenir la infección.

Use zapatos y calcetines en todo momento

Lleva zapatos y calcetines en todo momento. No camine descalzo o en calcetines, incluso cuando esté en el interior. Podrías pisar algo y lastimarte los pies. Puede que no sienta ningún dolor y que no sepa que se ha hecho daño.

Revise el interior de sus zapatos antes de ponérselos, para asegurarse de que el forro está liso y libre de piedrecillas u otros objetos.

Asegúrese de usar calcetines, medias o medias de nylon con los zapatos para evitar que le salgan ampollas y llagas. Elija calcetines limpios, ligeramente acolchados que se ajusten bien. Los calcetines sin costuras son los mejores.

Usa zapatos que te queden bien y que protejan tus pies. Aquí hay algunos consejos para encontrar el tipo de zapatos adecuados:

- Los zapatos para caminar y los zapatos deportivos son buenos para el uso diario. Apoyan tus pies y les permiten "respirar".
- No uses zapatos de vinilo o plástico, porque no se estiran ni "respiran".
- Cuando compre zapatos, asegúrese de que se sientan bien y tengan suficiente espacio para los dedos de los pies. Compre los zapatos al final del día, cuando sus pies son más grandes, para que pueda encontrar el mejor ajuste.
- Si tienes un juanete, o dedos en martillo, que son dedos que se enroscan bajo tus pies, puedes necesitar zapatos extra anchos o profundos. [1] No use zapatos con punta o tacones altos, porque ejercen demasiada presión sobre los dedos.
- Si sus pies han cambiado de forma, como el pie de Charcot, puede que necesite zapatos especiales o plantillas, llamadas ortopédicos. También puede necesitar plantillas si tiene juanetes, dedos en martillo u otros problemas en los pies.

Cuando te pones zapatos nuevos, sólo los usas por unas pocas horas al principio y luego revisas tus pies para ver si hay áreas de dolor.

El seguro de la Parte B de Medicare y otros programas de seguro médico pueden ayudar a pagar estos zapatos especiales o plantillas. Pregunte a su plan de seguro si cubre sus zapatos especiales o plantillas.

Protege tus pies del calor y del frío

Si tiene daños en los nervios por la diabetes, puede quemarse los pies y no saber que lo hizo. Tome las siguientes medidas para proteger sus pies del calor:

- Usar zapatos en la playa y en el pavimento caliente.
- Ponte protector solar en la parte superior de los pies para evitar quemaduras de sol.
- Mantén tus pies alejados de los calentadores y de los fuegos abiertos.
- No te pongas una bolsa de agua caliente o una almohadilla térmica en los pies.

Usa calcetines en la cama si tus pies se enfrían. En invierno, use botas forradas e impermeables para mantener los pies calientes y secos.

Mantén la sangre fluyendo hacia tus pies

Pruebe los siguientes consejos para mejorar el flujo de sangre a sus pies:

- Ponga sus pies en alto cuando esté sentado.
- Mueve los dedos de los pies durante unos minutos a lo largo del día. Mueve tus tobillos arriba y abajo y dentro y fuera para ayudar a que la sangre fluya en tus pies y piernas.
- No use calcetines ajustados o medias elásticas. No intente sostener calcetines sueltos con gomas elásticas.

- Ser más activo físicamente. Elija actividades que sean fáciles para sus pies, como caminar, bailar, hacer yoga o estiramientos, nadar o montar en bicicleta.
- Deje de fumar.

Fumar puede reducir la cantidad de flujo sanguíneo a los pies. Si fumas, pide ayuda para dejar de hacerlo. Puede obtener ayuda llamando a la línea nacional para dejar de fumar al 1-800-QUITNOW o al 1-800-784-8669. Para consejos sobre cómo dejar de fumar, vaya a SmokeFree.gov .

Hágase un chequeo de pies en cada visita de atención médica

Pídale a su equipo de atención médica que revise sus pies en cada visita. Quítese los zapatos y los calcetines cuando esté en la sala de examen para que se acuerden de revisar sus pies. Por lo menos una vez al año, hazte un examen completo de los pies, incluyendo una revisión de la sensación y los pulsos en tus pies.

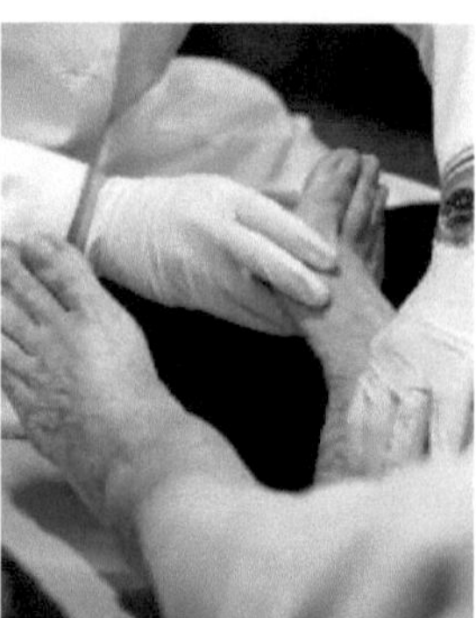

Hágase un examen completo de los pies en cada visita de atención médica si tiene

- cambios en la forma de tus pies
- pérdida de sensibilidad en los pies
- enfermedad arterial periférica
- tuvo úlceras en los pies o una amputación en el pasado1

Pídele a tu equipo de salud que te muestre cómo cuidar tus pies.

¿Cuándo debo consultar a mi proveedor de atención médica sobre los problemas de los pies?

Llame al médico de inmediato si tiene

- un corte, ampolla o moretón en el pie que no empieza a sanar después de unos días
- La piel del pie se pone roja, caliente o dolorosa, lo que indica una posible infección.
- un callo con sangre seca en su interior, que a menudo puede ser el primer signo de una herida bajo el callo
- una infección en el pie que se vuelve negra y apestosa - signos de que podrías tener gangrena

Pídale a su proveedor que lo remita a un médico de los pies o a un podólogo, si es necesario.

¿Qué actividades físicas debo realizar si tengo diabetes?

La mayoría de los tipos de actividad física pueden ayudarle a cuidar de su diabetes. Ciertas actividades pueden ser inseguras para algunas personas, como las que tienen baja visión o daños en los nervios de los pies. Pregunte a su equipo de atención médica qué actividades físicas son seguras para usted. Muchas personas eligen caminar con amigos o familiares para su actividad.

Realizar diferentes tipos de actividad física cada semana le dará los mayores beneficios para la salud. Mezclarlo también ayuda a reducir el aburrimiento y a disminuir las posibilidades de salir lastimado. Pruebe estas opciones para la actividad física.

Añade actividad extra a tu rutina diaria

Si ha estado inactivo o está probando una nueva actividad, comience lentamente, con 5 a 10 minutos al día. Entonces añade un poco más de tiempo cada semana. Aumentar la actividad diaria pasando menos tiempo frente a un televisor u otra pantalla. Pruebe estas sencillas formas de añadir actividades físicas a su vida cada día:

- Camina mientras hablas por teléfono o durante los anuncios de televisión.
- Hacer tareas, como trabajar en el jardín, rastrillar las hojas, limpiar la casa o lavar el coche.
- Aparque en el extremo del aparcamiento del centro comercial y camine hasta la tienda.
- Toma las escaleras en lugar del ascensor.
- Haga que sus salidas familiares sean activas, como un paseo en bicicleta o una caminata en un parque.

Si está sentado durante mucho tiempo, como trabajando en un escritorio o viendo la televisión, haga alguna actividad ligera durante 3 minutos o más cada media hora. Las actividades ligeras incluyen

- elevadores o extensiones de piernas
- El brazo de la cabeza se estira...
- la silla de escritorio gira
- torsiones del torso
- arremetidas laterales
- caminando en el lugar

Hacer ejercicio aeróbico

El ejercicio aeróbico es una actividad que hace que tu corazón lata más rápido y te hace respirar más fuerte. Deberías intentar hacer ejercicio aeróbico durante 30 minutos al día la mayoría de los días de la semana. No tienes que hacer toda la actividad a la vez. Puedes dividir estos minutos en unas cuantas veces a lo largo del día.

Para sacar el máximo provecho de su actividad, haga ejercicio a un nivel de moderado a vigoroso. Intenta

- caminando a paso ligero o de excursión
- subir las escaleras
- nadar o una clase de aeróbicos acuáticos
- bailando
- montar una bicicleta o una bicicleta estacionaria
- tomando una clase de ejercicio
- jugar al baloncesto, al tenis u otros deportes

Hable con su equipo de atención médica sobre cómo calentar y enfriar antes y después de hacer ejercicio.

Hacer un entrenamiento de fuerza para desarrollar los músculos

El entrenamiento de fuerza es una actividad física ligera o moderada que desarrolla los músculos y ayuda a mantener los huesos sanos. El entrenamiento de fuerza es importante tanto para los hombres como para las mujeres. Cuando tengas más músculo y menos grasa corporal, quemarás más calorías. Quemar más calorías puede ayudarte a perder y mantener el peso extra.

Puedes hacer entrenamiento de fuerza con pesas de mano, bandas elásticas o máquinas de pesas. Intenta hacer entrenamiento de fuerza dos o tres veces a la semana. Empieza con un peso ligero. Aumenta lentamente el tamaño de tus pesas a medida que tus músculos se fortalecen.

Puedes hacer entrenamiento de fuerza con pesas de mano, bandas elásticas o máquinas de pesas.

Hacer ejercicios de estiramiento

Los ejercicios de estiramiento son una actividad física ligera o moderada. Cuando se estira, se aumenta la flexibilidad, se reduce el estrés y se ayuda a prevenir el dolor muscular.

Puede elegir entre muchos tipos de ejercicios de estiramiento. El yoga es un tipo de estiramiento que se centra en la respiración y ayuda a relajarse. Incluso si tienes problemas de movimiento o equilibrio, ciertos tipos de yoga pueden ayudarte. Por ejemplo, el yoga de silla tiene estiramientos que puedes hacer cuando te sientas en una silla o te agarras a una silla mientras estás de pie. Su equipo de atención médica puede sugerirle si el yoga es adecuado para usted.

Embarazo si tiene diabetes

Si tiene diabetes y planea tener un bebé, debe tratar de que sus niveles de glucosa en la sangre se acerquen al rango objetivo antes de quedar embarazada.

También es importante mantenerse dentro del rango objetivo durante el embarazo, que puede ser diferente al de cuando no está embarazada. La glucosa alta en la sangre, también llamada azúcar en la sangre, puede dañar a su bebé durante las primeras semanas de embarazo, incluso antes de que sepa que está embarazada. Si tiene diabetes y ya está embarazada, consulte a su médico lo antes posible para hacer un plan para controlar su diabetes. Trabajar con su equipo de atención médica y seguir su plan de control de la diabetes puede ayudarle a tener un embarazo y un bebé saludables.

Planifique el control de su glucosa en la sangre antes de quedar embarazada.

Si desarrolla diabetes por primera vez mientras está embarazada, tiene diabetes gestacional.

¿Cómo puede afectar la diabetes a mi bebé?

Los órganos del bebé, como el cerebro, el corazón, los riñones y los pulmones, comienzan a formarse durante las primeras 8 semanas de embarazo. Los altos niveles de glucosa en sangre pueden ser perjudiciales durante esta etapa temprana y pueden aumentar la posibilidad de que su bebé tenga defectos de nacimiento, como defectos cardíacos o defectos del cerebro o la columna vertebral.

Los altos niveles de glucosa en la sangre durante el embarazo también pueden aumentar las posibilidades de que su bebé nazca demasiado pronto, pese demasiado, o tenga problemas respiratorios o una baja glucosa en la sangre justo después del nacimiento.

Un nivel alto de glucosa en la sangre también puede aumentar la posibilidad de que tenga un aborto espontáneo o un mortinato. Nacer muerto significa que el bebé muere en el útero durante la segunda mitad del embarazo.

¿Cómo puede afectarme la diabetes durante el embarazo?

Los cambios hormonales y de otro tipo que se producen en su cuerpo durante el embarazo afectan a sus niveles de glucosa en la sangre, por lo que es posible que tenga que cambiar la forma en que controla su diabetes. Incluso si ha tenido diabetes durante años, es posible que tenga que cambiar su plan de comidas, su rutina de actividad física y sus medicamentos. Si ha estado tomando un medicamento oral para la diabetes, es posible que necesite cambiar a la insulina. A medida que se acerque la fecha de parto, su plan de gestión podría cambiar de nuevo.

¿Qué problemas de salud podría desarrollar durante el embarazo a causa de mi diabetes?

El embarazo puede empeorar ciertos problemas de diabetes a largo plazo, como los problemas oculares y las enfermedades renales, especialmente si los niveles de glucosa en la sangre son demasiado altos.

También tiene una mayor probabilidad de desarrollar preeclampsia, a veces llamada toxemia, que es cuando se desarrolla una presión arterial alta y demasiadas proteínas en la durante la segunda mitad del embarazo. La preeclampsia puede causar problemas graves o que pongan en peligro su vida y la de su bebé. La única cura para la preeclampsia es dar a luz. Si tiene preeclampsia y ha cumplido 37 semanas de embarazo, es posible que su médico quiera dar a luz antes de tiempo. Antes de las 37 semanas, usted y su médico pueden considerar otras opciones para ayudar a su bebé a desarrollarse lo más posible antes de que nazca.

¿Cómo puedo prepararme para el embarazo si tengo diabetes?

Si tiene diabetes, es importante que mantenga su glucosa sanguínea lo más cerca posible de lo normal antes y durante el embarazo para mantenerse saludable y tener un bebé sano. Hacerse chequeos antes y durante el embarazo, seguir el plan de comidas para la diabetes, hacer actividad física como lo aconseje su equipo de atención médica y tomar medicamentos para la diabetes si es necesario le ayudará a controlar su diabetes. Dejar de fumar y tomar vitaminas, tal y como aconseja su médico, también puede ayudarles a usted y a su bebé a mantenerse sanos.

Trabaje con su equipo de atención médica

Las visitas regulares con los miembros de un equipo de atención médica que son expertos en diabetes y embarazo asegurarán que usted y su bebé reciban la mejor atención. Su equipo de atención médica puede incluir

- un médico especializado en el cuidado de la diabetes, como un endocrinólogo o un diabetólogo
- un obstetra con experiencia en el tratamiento de mujeres con diabetes
- un educador de diabetes que puede ayudarle a controlar su diabetes
- una enfermera profesional que proporcione atención prenatal durante el embarazo
- un dietista registrado para ayudar con la planificación de la comida
- especialistas que diagnostican y tratan problemas relacionados con la diabetes, como problemas de visión, enfermedades renales y enfermedades cardíacas
- un trabajador social o un psicólogo que le ayude a afrontar el estrés, las preocupaciones y las exigencias adicionales del embarazo

Eres el miembro más importante del equipo. Su equipo de atención médica puede darle consejos de expertos, pero usted es el que debe controlar su diabetes todos los días.

Hable con su equipo de atención médica antes de quedar embarazada.

Hazte un chequeo

Hágase un chequeo completo antes de quedar embarazada o tan pronto como sepa que está embarazada. Su médico debe comprobar si

- la presión arterial alta
- enfermedad ocular
- enfermedad del corazón y de los vasos sanguíneos
- daño de los nervios
- enfermedad renal
- enfermedad de la tiroides

El embarazo puede empeorar algunos problemas de salud de la diabetes. Para ayudar a prevenir esto, su equipo de atención médica puede recomendar que se ajuste el tratamiento antes de quedar embarazada.

No fumes.

Fumar puede aumentar la probabilidad de tener un mortinato o un bebé nacido demasiado pronto. Fumar es especialmente dañino para las personas con diabetes. Fumar puede aumentar los problemas de salud relacionados con la diabetes, como las enfermedades de los ojos, las enfermedades cardíacas y las enfermedades renales.

Si usted fuma o usa otros productos de tabaco, deje de hacerlo. Pide ayuda para no tener que hacerlo sola. Puede empezar llamando a la línea nacional de abandono de fumar al 1-800-QUITNOW o al 1-800-784-8669. Para consejos sobre cómo dejar de fumar, vaya a Smokefree.gov .

Vea a un nutricionista dietista registrado

Si aún no ves a un dietista, deberías empezar a ver a uno antes de quedar embarazada. Su dietista puede ayudarle a aprender qué comer, cuánto comer y cuándo comer para alcanzar o mantener un peso saludable antes de quedar embarazada. Juntos, usted y su dietista crearán un plan de comidas que se ajuste a sus necesidades, horario, preferencias alimenticias, condiciones médicas, medicamentos y rutina de actividad física.

Durante el embarazo, algunas mujeres necesitan hacer cambios en su plan de alimentación, como agregar calorías, proteínas y otros nutrientes adicionales. Tendrá que ver a su dietista cada pocos meses durante el embarazo, ya que sus necesidades alimenticias cambian.

Ser físicamente activo...

La actividad física puede ayudarle a alcanzar sus cifras de glucosa en la sangre. La actividad física también puede ayudar a mantener la presión arterial y los niveles de en un rango saludable, aliviar el estrés, fortalecer el corazón y los huesos, mejorar la fuerza muscular y mantener las articulaciones flexibles.

Antes de quedar embarazada, haga de la actividad física una parte regular de su vida. Apunta a 30 minutos de actividad 5 días de la semana.

Hable con su equipo de atención médica sobre qué actividades son las mejores para usted durante su embarazo.

La actividad física puede ayudarle a alcanzar sus cifras de glucosa en la sangre.

Lea los consejos sobre cómo comer mejor y ser más activa mientras está embarazada y después de que nazca su bebé.

Evita el alcohol

Debes evitar el consumo de bebidas alcohólicas mientras intentas quedar embarazada y durante todo el embarazo. Cuando usted bebe, el alcohol también afecta a su bebé. El alcohol puede causar problemas de salud graves y de por vida a su bebé.

Ajuste sus medicamentos

Algunos medicamentos no son seguros durante el embarazo y debe dejar de tomarlos antes de quedar embarazada. Dígale a su médico todos los medicamentos que toma, como los que se usan para el colesterol alto y la presión arterial alta. Su médico puede indicarle qué medicamentos debe dejar de tomar, y puede recetarle un medicamento diferente que sea seguro de usar durante el embarazo.

Los médicos suelen recetar insulina tanto para la diabetes de tipo 1 como para la de tipo 2 durante el embarazo. [3] Si ya está tomando insulina, es posible que tenga que cambiar el tipo, la cantidad, o cómo y cuándo la toma. Es posible que necesite menos insulina durante el primer trimestre, pero probablemente necesitará más a medida que avance el embarazo. Sus necesidades de insulina pueden duplicarse o incluso triplicarse a medida que se acerca la fecha de parto. Su equipo de atención médica trabajará con usted para crear una rutina de insulina para satisfacer sus necesidades cambiantes.

Tomar suplementos de vitaminas y minerales

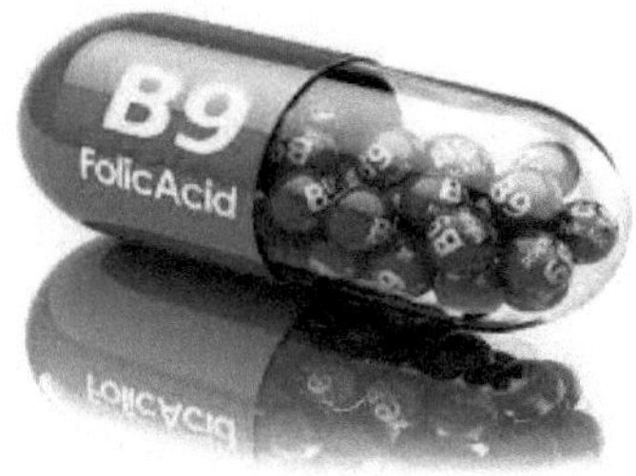

El ácido fólico es una vitamina importante que debe tomar antes y durante el embarazo para proteger la salud de su bebé. Necesitarás empezar a tomar ácido fólico al menos un mes antes de quedarte embarazada. Debe tomar un multivitamínico o suplemento que contenga al menos 400 microgramos (mcg) de ácido fólico. Una vez que te quedes embarazada, debes tomar 600 mcg diarios. Pregunte a su médico si debe tomar otras vitaminas o minerales, como suplementos de hierro o calcio, o un multivitamínico.

¿Qué debo saber acerca de la prueba de glucosa en sangre antes y durante el embarazo?

La frecuencia con la que se revisan los niveles de glucosa en la sangre puede cambiar durante el embarazo. Es posible que necesite revisarlos más a menudo que ahora. Si no necesitó revisar su glucosa en la sangre antes del embarazo, probablemente tendrá que empezar. Pregunte a su equipo de atención médica con qué frecuencia y a qué horas debe controlar sus niveles de glucosa en la sangre. Sus objetivos de glucosa en la sangre cambiarán durante el embarazo. El equipo de atención médica también puede pedirle que controle sus niveles de si su nivel de glucosa en la sangre es demasiado alto.

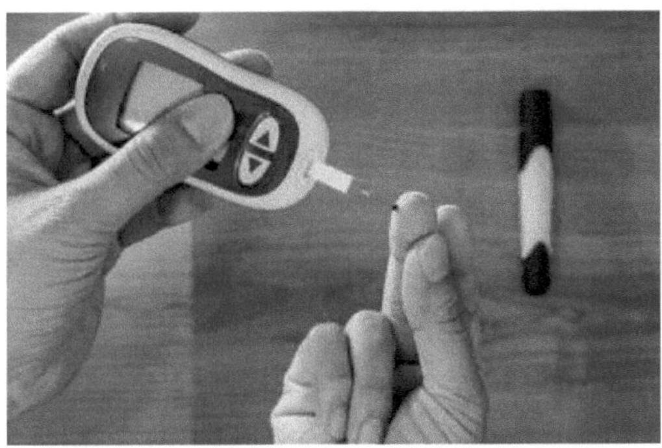

Durante el embarazo, es posible que tenga que controlar sus niveles de glucosa en sangre con más frecuencia.

Establecer como objetivo los niveles de glucosa en la sangre antes del embarazo

Cuando planifica un embarazo, sus objetivos diarios de glucosa en sangre pueden ser diferentes de sus objetivos anteriores. Pregunte a su equipo de atención médica qué objetivos son los adecuados para usted.

Puede hacer un seguimiento de sus niveles de glucosa en la sangre utilizando Mi registro diario de glucosa en la sangre. También puede utilizar un sistema electrónico de seguimiento de la glucosa en la sangre en su computadora o dispositivo móvil. Registre los resultados cada vez que se controle la glucosa en la sangre. Los registros de glucosa en la sangre pueden ayudarle a usted y a su equipo de atención médica a decidir si su plan de atención de la diabetes está funcionando. También puede tomar notas sobre su insulina y cetonas. Lleva tu rastreador contigo cuando visites a tu equipo de atención médica.

Objetivo de los niveles de glucosa en la sangre durante el embarazo

Los objetivos diarios recomendados para la mayoría de las mujeres embarazadas con diabetes son

- Antes de las comidas, a la hora de acostarse y durante la noche: 90 o menos.
- Una hora después de comer: 130 a 140 o menos
- 2 horas después de comer: 120 o menos3

Pregúntele a su médico qué objetivos son los adecuados para usted. Si tiene diabetes de tipo 1, sus objetivos pueden ser más altos para que no desarrolle una glucosa baja en la sangre, también llamada hipoglucemia.

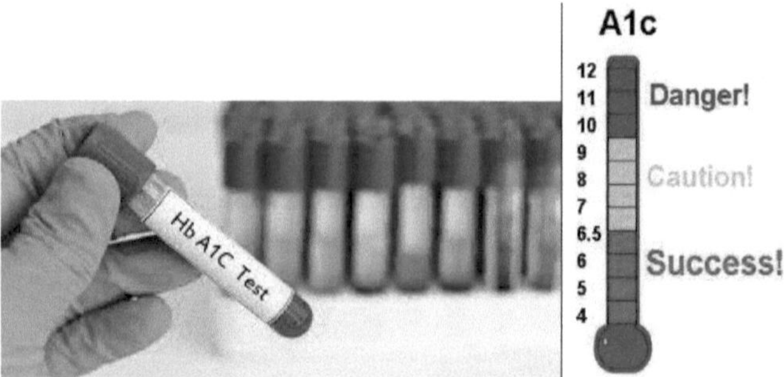

Los números A1C

Otra forma de ver si estás cumpliendo tus objetivos es hacerte un análisis de sangre A1C. Los resultados de la prueba A1C reflejan sus niveles promedio de glucosa en la sangre durante los últimos 3 meses. La mayoría de las mujeres con diabetes deben aspirar a una A1C lo más cercana posible a la normalidad, idealmente por debajo del 6,5%, antes de quedar embarazadas. Después de los primeros 3 meses de embarazo, su objetivo puede ser tan bajo como el 6 por ciento. Estos objetivos pueden ser diferentes a los objetivos A1C que has tenido en el pasado. Su médico puede ayudarle a establecer los objetivos de la A1C que sean mejores para usted.

Los niveles de cetona

Cuando la glucosa en la sangre es demasiado alta o si no comes lo suficiente, tu cuerpo puede producir cetonas. Las cetonas en la orina o en la sangre significan que el cuerpo está utilizando la grasa como energía en lugar de la glucosa. Quemar grandes cantidades de grasa en lugar de glucosa puede ser perjudicial para su salud y la de su bebé.

Puede prevenir problemas de salud graves si comprueba la presencia de cetonas. Su médico podría recomendarle que se haga un análisis de orina o de sangre diariamente para detectar cetonas o cuando su glucosa en la sangre esté por encima de un cierto nivel, como 200. Si usted usa una bomba de insulina, su médico podría aconsejarle que se haga una prueba de cetonas cuando su nivel de glucosa en la sangre sea más alto de lo esperado. Su equipo de atención médica puede enseñarle cómo y cuándo analizar la orina o la sangre en busca de cetonas.

Hable con su médico sobre qué hacer si tiene cetonas. Su médico puede sugerirle que haga cambios en la cantidad de insulina que toma o cuando la toma. Su médico también puede recomendarle un cambio de comidas o bocadillos si necesita consumir más carbohidratos.

Referencias

[1] Departamento de Salud y Servicios Humanos de los EE.UU., Oficina de Prevención de Enfermedades y Promoción de la Salud. Guía de actividad física para los americanos, 2ª edición. Washington, DC: Departamento de Salud y Servicios Humanos de los Estados Unidos; 2018. https://health.gov/paguidelines/second-edition/ . Actualizado el 14 de enero de 2019. Accedido el 14 de enero de 2019.

2] Samaneh Pishdad, Profesor de nutrición, Libro de Alimentación Sana con Ensaladas, 2018

3] L. Kathleen Mahan, MS, RD, CDE y Janice L Raymond, MS, RD, CDKrause's Food & the Nutrition Care Process, 14ª Edición,2018

[4] L. Kathleen Mahan MS RD CDE , Janice L Raymond MS RD CD, Sylvia Escott-Stump MA RD LDN . Krause's Food & the Nutrition Care Process 13ª Edición, 2017

[5] Asociación Americana de Diabetes. Fundamentos de la atención y la evaluación médica integral. Cuidado de la diabetes. 2016;39(suppl 1):S26 (Tabla 3.3).

[6] Institutos Nacionales de Salud, Oficina de Suplementos Dietéticos. Suplementos dietéticos: lo que usted sabe. ods.od.nih.gov/HealthInformation/DS_WhatYouNeedToKnow.aspx . Revisado el 17 de junio de 2011. Accedido el 21 de junio de 2016.

7] Colberg SR, Sigal RJ, Yardley JE, et al. Actividad física/ejercicio y diabetes: una declaración de posición de la Asociación Americana de Diabetes. Cuidado de la diabetes. 2016;39(11):2065–2079.

[8] Asociación Americana de Diabetes. Complicaciones microvasculares y cuidado de los pies. Cuidado de la diabetes. 2016;39(Supl. 1):S78.

[9] Grupo de Investigación del Programa de Prevención de la Diabetes. Efectos a largo plazo de la intervención en el estilo de vida o la metformina en el desarrollo de la diabetes y las complicaciones microvasculares durante un seguimiento de 15 años: el Estudio de Resultados del Programa de Prevención de la Diabetes. The Lancet Diabetes & Endocrinology. 2015;3(11):866–875.

[10] Yardley JE, Sigal RJ. Estrategias de ejercicio para la prevención de la hipoglucemia en personas con diabetes tipo 1. Espectro de la diabetes. 2015;28(1):32–38.

[11] Dr. Mohsen Maddah, Nutricionista Miembro de la Sociedad Americana de Investigación de la Obesidad, libro de nutrición y diabetes, 2010

Contenido

Buy your books fast and straightforward online - at one of world's fastest growing online book stores! Environmentally sound due to Print-on-Demand technologies.

Buy your books online at
www.morebooks.shop

¡Compre sus libros rápido y directo en internet, en una de las librerías en línea con mayor crecimiento en el mundo! Producción que protege el medio ambiente a través de las tecnologías de impresión bajo demanda.

Compre sus libros online en
www.morebooks.shop

KS OmniScriptum Publishing
Brivibas gatve 197
LV-1039 Riga, Latvia
Telefax: +371 686 204 55

info@omniscriptum.com
www.omniscriptum.com

Printed by Books on Demand GmbH, Norderstedt / Germany